图书在版编目（CIP）数据

人类与火的故事 ／（日）松村由利子著 ；（日）小林满喜绘 ；王志庚，陈瑜译 . —— 北京 ：北京联合出版公司 ，2023.9

ISBN 978-7-5596-7034-2

Ⅰ . ①人… Ⅱ . ①松… ②小… ③王… ④陈… Ⅲ . ①火 – 青少年读物 Ⅳ . ① TQ038.1-49

中国国家版本馆 CIP 数据核字 (2023) 第 117961 号

The History of Fire by Matsumura Yuriko & Maki Kobayashi
Text © Matsumura Yuriko 2020
Illustration © Maki Kobayashi 2020
Originally published by Fukuinkan Shoten Publishers, Inc., Tokyo, Japan, in 2020
under the title of HAJIMARIHATAKIBI
The Simplified Chinese language rights arranged with Fukuinkan Shoten Publishers, Inc., Tokyo
through Bardon-Chinese Media Agency
Chinese translation rights in simplified characters © 2023 by Beijing Tianlue Books Co., Ltd.
All rights reserved

人类与火的故事

作　　者：[日]松村由利子
绘　　者：[日]小林满喜
译　　者：王志庚　陈瑜
出 品 人：赵红仕
选题策划：北京天略图书有限公司
责任编辑：龚　将
特约编辑：高　英
责任校对：钱凯悦
美术编辑：刘晓红

北京联合出版公司出版
（北京市西城区德外大街 83 号楼 9 层　　100088）
北京联合天畅文化传播公司发行
北京盛通印刷股份有限公司印刷　　新华书店经销
字数 6 千字　　787 毫米 ×1092 毫米　　1/16　　3.5 印张
2023 年 9 月第 1 版　　2023 年 9 月第 1 次印刷
ISBN 978-7-5596-7034-2
定价：55.00 元

人类与火的故事

［日］松村由利子◉著

［日］小林满喜◉绘

王志庚 陈瑜◉译

北京联合出版公司
Beijing United Publishing Co.,Ltd.

噼里啪啦、噼里啪啦，

闪闪烁烁、熊熊燃烧。

呼——呼——

火是那么明亮，那么温暖，
就像一个小小的太阳。

红色的火焰，蓝色的火焰，

静静摆动的火焰，

猛烈燃烧的火焰。

很久很久以前，

人类的生活中就有了火。

可是，人类究竟是从什么时候开始学会用火的呢？

火山喷发和雷电会导致森林发生山火。

山火越烧越大，越烧越旺，

温度很高，很刺眼。

动物们惊慌地四处逃散。

很久很久以前，

人们都害怕火，不敢靠近火。

但是，在没有月光的晚上，火能照亮黑夜。

寒冷的时候，只要靠近火，身体就能感到温暖。

于是，人们开始一点点地亲近火。

人类用火的生活，就这样开始了。

不管什么时候，只要有容易燃烧的东西，就能生起火来。

首先，要用力摩擦干燥的树枝，

或者用石头碰石头溅出火花，制作火种。

往火种上加干树叶和小树枝，不断地吹气，

小火苗就会越来越大。

然后再添加粗树枝，火就会烧得越来越旺。

火有神奇的力量，

用火烤果实和肉，会变得松软可口。

用泥土制作的容器经过火烤，会变得坚硬，

可以用来盛水。

后来，人们学会了用火加热含有金属物质的矿石，
这样就能冶炼出铜或铁。
金属用火烧，会变软，敲敲打打后会变形，
等冷却下来，就会变得既坚硬又结实。

人们用金属打造出各种工具，

火成了人们生活中不可缺少的东西。

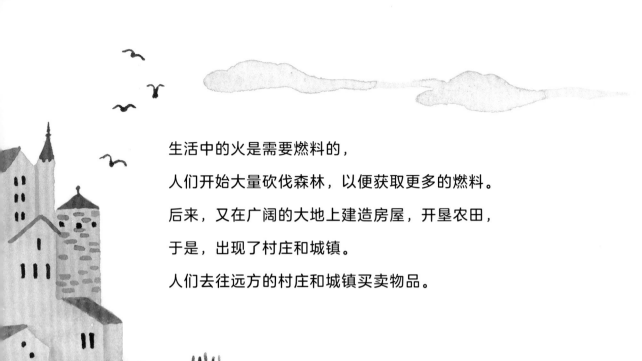

生活中的火是需要燃料的，

人们开始大量砍伐森林，以便获取更多的燃料。

后来，又在广阔的大地上建造房屋，开垦农田，

于是，出现了村庄和城镇。

人们去往远方的村庄和城镇买卖物品。

沉重的物品，用马车和牛车来运输。

水上的帆船，在风力的推动下，随着水流前进。

河边的水车，利用水的力量转动车轮来汲取河水，

然后把谷物磨成粉。

慢慢地，人类的数量越来越多。

人们居住的房子和耕种的农田也需要扩展。

为了生更多的火，人们不断地砍伐森林。

然而，一棵小树苗长成大树，

需要几十年的时间。

寸草不生的荒地越来越多，

森林的面积越变越小。

人们终于意识到：

大自然的馈赠是有限的！

如果长期这样下去，森林就会消失。

有火的生活，也将难以维持下去。

于是，人们想出了办法，

用煤炭代替树木作为生火的燃料。

煤炭是一种能燃烧的神奇矿石。

其实，煤炭是很久以前，
由埋在地下很深的植物
逐渐演变成的坚硬物质。
从地下开采煤炭是一件很困难的事情，
因为地下水可能会从地下矿道里涌出来。

为了抽走地下水，人们开始使用"蒸汽机"，

这是一种刚刚被发明出来的新机器。

蒸汽是水或其他液体的气体形态。

加热的时候，蒸汽会膨胀；冷却的时候，就会收缩。

蒸汽机的工作原理，

就是利用蒸汽热胀冷缩的性质驱动气泵，

从而带动车轮转动。

冷却水

蒸汽

在很长的时间里，人们只是在使用火的光和热。

后来，人们开始用火让机械运转起来。

蒸汽机就是发挥火的热量的一种装置。

用火驱动的蒸汽机一旦转动起来，不管多重的东西都能运输。

只要不停地燃烧煤炭，就能产生比牛和马高出几十倍的力量。

火竟然有这么强大的能力，真是超乎想象！

陆地上的蒸汽机车运送人和货物。

海上来来往往行驶着大型蒸汽船。

与人类的力量相比，

蒸汽机车不仅速度快，

而且工作时间更长。

于是，工厂越来越多，城市越建越大。

接着，人们造出了一个又一个用火驱动的机械，
发动机就是其中之一。
发动机可用来驱动汽车、轮船和飞机。

发动机的燃料是石油制成的，
石油是一种能充分燃烧的油。
人们认为，
石油是由远古时代的海底微生物堆积形成的，
世界各地都开采出了石油。

蒸汽机和发动机让各种机器运转起来，
但也带来了麻烦。
煤炭和石油在燃烧的时候，
产生的煤烟和粉尘污染了空气。

嗓子疼和生病的人越来越多。

含有有害物质的雨水流进池塘和湖泊，

导致水中的生物难以活下来。

尽管如此，各种新机器还在不断出现，

我们的生活变得越来越便利了。

很快，人类发明了发电机，这是一种产生电能的机器。

你脱毛衣的时候，

有没有听到"噼噼啪啪"的声音，头发也会竖起来？

这是静电导致的。

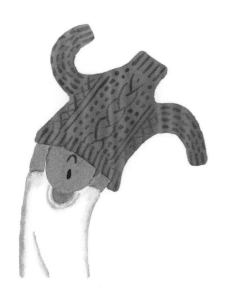

发电机能产生很多电能，

这是一件非常了不起的事情。

电灯泡第一次亮起来的时候，

仿佛出现了一种新的火源。

而且，这仅仅是一个小小的开始。

原来由蒸汽机带动的火车和工厂里的机器，
都改用电来驱动了。

人们制造出了各种用电驱动的机器。

人们还发明了
把声音和光信号转换成电波
传送到远方的机器。

采用电波传送技术的电话和电视，

大大地改变了人们的生活。

后来，电脑被发明出来，

世界各地的人们交换信息更加方便了。

人们使用电脑不仅能检测生物的遗传基因，

还能造出宇宙飞船。

电力来自发电厂。

发电厂里的巨大涡轮机骨碌碌地转动起来，

就能产生电流。

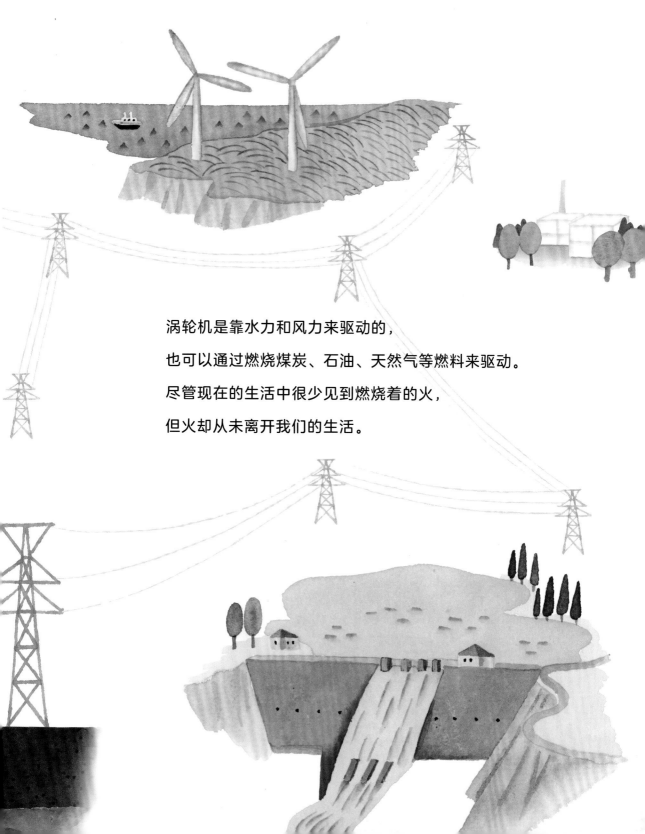

涡轮机是靠水力和风力来驱动的，

也可以通过燃烧煤炭、石油、天然气等燃料来驱动。

尽管现在的生活中很少见到燃烧着的火，

但火却从未离开我们的生活。

电和火一样，都是大自然的恩赐。

用来发电的水、空气、煤炭和石油，

人类是制造不出来的。

生物赖以生存的森林和海洋，还有富饶的土地，

都是地球经过漫长的岁月孕育出来的。

人们为了追求便利的生活，

大量砍伐森林，污染了水和空气。

长此以往，所有的生物都将面临生存危机。

地球是独一无二的星球。

水和空气是不可取代的资源。

人们终于开始思考整个地球的事情了：

怎样才能与其他生物一起在地球上长期生活下去。

人类借助火的力量获得了许多智慧。

尽管产生过很多麻烦，

但人类在学习中逐渐进步。

如果全世界的人们共同努力，

就一定能找到保护地球的方法。

人类用火的文明史，

今后仍将持续发展下去。

能量与我们

我们每天的生活中不能没有"能量"。虽然我们的肉眼看不见能量，但它能产生光、热、动力和声音，发挥各种各样的作用。

假设有一个香喷喷的烤红薯。这个红薯在田地里吸收了足够的光照，利用阳光、水和空气，它一点一点地积蓄能量，慢慢长大了。

我们把烤红薯当作零食吃下去，就吸收了满满的能量。然后就让我们到户外去玩老鹰抓小鸡吧！红薯里储存的能量在我们的身体里燃烧，转化成我们的手脚活动的能量。但一阵寒风吹来，我们会感觉很冷，不由自主地搓搓手，手掌心会变暖和起来，这是因为手掌运动的能量转化成了热能。就这样，能量从一种形式转变成另外一种形式。

太阳的恩惠

刚开始学会用火的时候，人类就懂得了物体燃烧时会产生光和热。

阳光照射下的森林里的树木，跟红薯一样，储存了满满的能量。所以，燃烧树叶和树枝能取暖和照明。石油和煤炭是远古时期的植物和其他生物变成的燃料。也就是说，燃料储存着太阳光转变成的能量。

太阳带给人类的恩惠不仅有阳光。太阳丰富的热量让地球上的空气变暖，水蒸发变成空中的云，然后云又变成雨落下来。此外，太阳还能带来风和海浪。风和海浪也储存着太阳的能量，所以它们可以用来发电。

从学会用火开始到现在，人类的生活一直受到太阳的恩惠。

森林的重要性

学会用火以后，人类的生活变得十分便利。但由于人类过度地消耗能源，现在，地球受到了很大影响。

数万年间，人类一直在砍伐森林树木，这导致有些地方的茂密森林消失了。森林消失后，富含营养的土壤也会流失，有的地方变成了沙漠。植物生长需要吸收阳光和二氧化碳，释放出氧气。所以，森林和树木的减少会导致空气中二氧化碳的增加。此外，燃料在燃烧的时候，也会产生二氧化碳。空气中的二氧化碳含量增多，会导致地球大气层内的气温升高，进而引发全球气候变暖。

这样一来，不仅容易发生大规模的风暴，而且还会频繁发生山体塌方和洪涝灾害。人们在各地的生活都会变得艰难，很多动物和植物的生命也受到了威胁。这样的话，无论生活多么便利，都不能说是富足的生活。

人口的增长

每个人的能源消耗量在增加的同时，人口数量也在持续增长，所以，人们的能源消耗总量在持续增长。

距今大约一万年前，在猛犸象灭绝之前，地球上的人口只有几百万。在后来的几千年时间里，人口数量就超过了一亿。

蒸汽机发明以后，人们用煤炭做能源驱动工厂里的大型机器和各种交通工具，人类的能源消耗量大大增加。人口数量持续快速增长，很快就超过了10亿。石油成为主要燃料后，人们的能源消耗量更是不断增加。现在，世界人口已经超过了70亿[1]，在21世纪之内，全球人口预计将超过100亿。这个数字与人类最初用火时相比，增加了一万倍。

---

[1]2022 年 11 月 15 日，联合国宣布世界人口达到 80 亿。——编者注

生活在经济发达国家的人们，每天的能源消耗量是巨大的。但在经济欠发达国家，由于那里缺少燃料，没有发电设施，所以人们的能源消费量较低。比如，日本的人均能源消费量是贫穷国家的三至四倍。现在已经到了不得不考虑该如何共享能源的时候了。

发电引发的问题

尽管由于电力，我们的生活变得很方便，但发电也带来各种问题。火力发电厂需要燃烧煤炭、石油或天然气，这会产生大量的二氧化碳。核电站用铀作燃料，核废料会产生核辐射，这会对生物造成不良影响。核废料的辐射期长达几万年、几十万年，甚至更长的时间，将超过人类用火的时间。

不过，有的发电厂不使用燃料，而是使用水、风力和太阳能，人们还在开展利用地热和沼气发电的相关研究。这些能源不会污染环境，还能循环使用，也不用担心能源耗尽的问题。

但无论选择哪种发电方式，废弃的发电站将会变成废墟。如果大家都浪费能源，地球上的能源将很快消耗殆尽，各种各样的垃圾会堆积成山。尽管能源危机的难题不会轻易解决，但只要我们从细微之处着手，情况应该会逐渐得到改变。

有限的能源

任何产品的制造，都要消耗材料和能源。

比如，工厂里生产出来的衣服和裤子，如果穿着不再合身就直接扔掉，那么生产衣服所消耗的能源也将被浪费。但如果把它们送给其他人，这些能源就不会被浪费了。一条喜欢的裤子，即便是磨出洞，还可以修补后继续穿。尽量延长一件物品的使用时间，就是在珍惜制造物品时所消耗的材料和能源。

我们在各自家中做好房间的保暖，把热量留在屋内，选择耗电量小的家电产品，这些都是非常重要的。同样，大型工厂不采用浪费能源的设备，尽可能地多选用节能型机器，整个社会就会节约能源。

什么是和谐共生

地球被太阳的光和热包裹着，正是由于来自太阳的恩惠，地球上的植物和动物才得以生存。如果地球与太阳的距离更近或是更远，那么地球将变得非常炎热或者非常寒冷，植物和动物也将无法生存。

在漫长的岁月里，地球发生过几次大的气候变化，生物随着气候的变化而演化。在这个过程中，尽管有些生物已经灭绝了，但也有许多生物顽强地适应着地球的缓慢变化。

由于人类消耗了太多能源，导致现在的地球发生了巨变，许多生物正在面临灭绝的危险。

没有能源，人类将无法生存。人们终于意识到消耗大量能源就不能与大自然和谐共生。人们开始珍惜地球的恩惠，探索能够持续利用能源的生活方式。

人类与火的故事还将继续，接下来会发生什么，谁也不知道。未来取决于我们每个人的选择。

（松村由利子）

数百万年前　　　公元　　　一〇〇〇年　　　一五〇〇年　　　一六〇〇年　　　一七〇〇年　　　一八〇〇年

石油、天然气等

一九〇〇年

一九五〇年

二〇〇〇年